我的探险研学书

关于沙漠、湿地、高山、草原、雨林冒险的生命体验

婆罗洲雨林

[英] 西蒙·查普曼 / 著

冯立群 / 译

电子工业出版社
Publishing House of Electronics Industry
北京·BEIJING

探秘婆罗洲雨林

　　这次，我准备去东南亚的婆罗洲岛探险。这次旅行的目标是探寻生活在当地雨林里的红毛猩猩、长臂猿、猴子及其踪迹。

　　我最先到达的地点是婆罗洲岛南部的马辰港。马辰港有点儿像意大利的威尼斯，因为那里的运河太多了，所以人们出行不便开车，只能坐船。

私人装备清单

1. 带绑腿的帆布丛林靴，可以防止水蛭叮咬。
2. 轻便的长袖衬衫和裤子。（还是为了防范水蛭！）
3. 背包、轻便的睡袋和蚊帐。
4. 驱虫凝胶，可以涂在靴子表面，用来驱除水蛭。
5. 防水手电筒和指南针。
6. 雨披。
7. 医药箱，里面带有治疗疟疾的药、消毒剂和抗真菌药粉。

婆罗洲购物清单

帕兰刀（当地人常用的一种带鞘砍刀）、睡垫、煮饭锅。

证件办理

　　我还需要办理一张通行证。凭着这张通行证，我可以在库泰国家公园以及阿泊加央山的热带雨林中自由穿行。

婆罗洲

　　婆罗洲又叫加里曼丹岛，是世界第三大岛，属于印度尼西亚、马来西亚和文莱三个国家共同所有。这座岛西北岸的沙捞越和沙巴两个州隶属于马来西亚，两州之间的地区属于文莱，而加里曼丹东、西、南、北、中地区则隶属于印度尼西亚。婆罗洲的大部分地区为山地地貌，只有中加里曼丹和沙捞越州是低地区域。

　　交错密布的河流构成了婆罗洲主要的交通网络，但是北部可通航的河道很少，因此婆罗洲北部的内陆地区被开发的程度低。另外，婆罗洲属于热带雨林气候地区，常年炎热而潮湿，使得该岛成为世界上物种最为丰富的地区之一。婆罗洲的云豹、长鼻猴、红毛猩猩是岛上最著名的居民。

婆罗洲

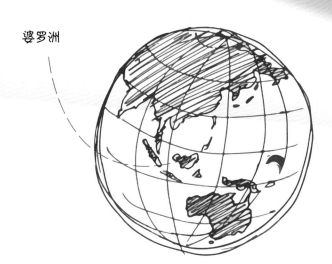

旅行计划

　　我的目的地是位于婆罗洲东海岸的库泰国家公园，那里有低地热带雨林和红树林湿地。要想顺利地到达那里，我得提前做好准备。当地会说英语的人很少，所以我事先通过书本和网络学会了一些印尼语，这就足够我搭船和办理证件使用了。

预防疾病

　　婆罗洲的蚊子可能携带疟疾病毒，所以我必须定时服用抗疟疾的药品，来杀死侵入我血液里的寄生虫。我还要携带一些特制的氯片，来杀死由于大部分的饮用水直接来自河流，水里的病菌。另外，出发之前，我还需要注射一针疫苗，以预防那些通过水传播的疾病，比如霍乱和伤寒。

地图标注：
- 文莱
- 南中国海
- 沙巴（马来西亚）
- 沙捞越（马来西亚）
- 朗乌罗村
- 朗·桑盖郎村
- 巴兰河
- 卡扬河
- 蒙托克
- 卡普阿斯河
- 郎·安庞
- 库泰国家公园
- 加里曼丹（印度尼西亚）
- 桑加塔
- 马哈坎河
- 特鲁克·卡巴
- 邦唐
- 马辰
- 巴里托河
- 沙马林达
- 爪哇海

库泰国家公园

　　库泰国家公园是典型的热带雨林地貌，里面间或分布着一些红树林湿地和淡水湖。热带雨林一般生长在温暖潮湿的地方，每年的降水量通常在 2000 毫米到 6000 毫米之间。库泰国家公园的面积达到 2000 平方千米，虽然公园受国家保护，但森林火灾、树木砍伐以及矿产开采依然日益侵蚀着公园，导致雨林面积不断减少。库泰国家公园中栖息着近百种哺乳动物，其中包括以红毛猩猩为代表的十多种灵长类动物，大约三百种鸟类以及近千种植物。

到达马辰港

9月7日，抵达婆罗洲

搭乘了一次飞机、两次小型巴士外加两次摩托车后，我才来到这里。我终于到达了婆罗洲南部，也就是属于印度尼西亚的那部分土地。

旅途中，我一直非常开心，直到刚刚
我把自己锁在了旅馆房间外面。

这会儿我感觉又热又累……

幸运的是，我被一名叫努拉丁的学生"收留"了，因为他想让我帮他练习英语。我将会在他父亲的高跷房（左图）里住两个晚上。这座房屋搭建在木桩上面，位于巴里托河的一条水道上，看上去像是踩着高跷，这就是它的名字的由来吧。

努拉丁家河对面的景色。

我们雇了一艘9米长的摩托艇，前往巴里托河上的一个水上市场。当地人把这种摩托艇称为"哥罗哆"。

在这里，人们的生活以河流为中心。河流既是交通途径，也是他们的家。

在去市场的路上，我们驾船通过一条位于后街的河道，两边的房子都建在高出水面的木桩上，还有一些房子是在漂浮的圆木上面建造的。一些孩子正在河里游泳，旁边有人在洗漱，有人在洗衣服。后来，我也在河里洗了洗脸，还在河里面"嘘嘘"了一下。虽然听起来有点恶心，但是当地人都是这样做的。

后来……

我们去了一个树林密布的小岛。上岛后，我们给这里的长尾猕猴喂了一些花生，不久之后就被一大群猴子包围了起来。一只大公猴还爬到我身上来抢装花生的袋子。

一只栗鸢在空中不断盘旋。

沙马林达

由于伐木和开辟棕榈油种植园的缘故，靠近马辰港的雨林全部被砍伐光了。所以我搭乘巴士沿着海岸向北，前往沙马林达。

我会从沙马林达直接出发前往库泰国家公园，那里有沿海热带雨林。我还从来没见过任何原生的热带雨林呢。我所见过的要么是人工种植的雨林，要么是灌木丛或高高的茅草丛。

进入沙马林达后我见到了这样一幕：焚烧过的红土上横卧着一根根枯死的白色树干，周围环绕着茂盛的灌木丛和焦黑的残木——森林遭到砍伐之后的惨状清楚地呈现在我面前。

棕榈油种植园

棕榈油是一种植物油，出产棕榈油的油棕树适宜在热带地区生长，比如像婆罗洲这样的地方。通常情况下，开辟棕榈油种植园就需要砍伐热带雨林，摧毁动物栖息地以及各种各样的植物物种。据统计，棕榈油种植园的开发导致每年都有上千只红毛猩猩死于非命。

我准备和两名从新西兰来的研究人员 —— 利兹和阿里一起乘坐长艇去库泰国家公园最远的那一边。他们是9月9日晚上到达这里的。

酒店对面的清真寺

我们将在一个名叫蒙托克的废弃研究站逗留几天。这是一座位于雨林深处的废弃小屋。我们在努力计算租船的次数和费用，同时收到了进入库泰国家公园的通行证。

希望明天傍晚的时候我已经置身于雨林之中了。

我买了一把新的帕兰刀。现在我感觉自己成了一名真正的丛林探险家。

后来……

最初，我们把出发时间定在下午1点，后来变成了下午3点，再后来又改成了下午4点半。最后，我们终于在下午6点钟出发了。船上的喇叭里正播放着泰米·温妮特的歌曲《伴你一生》。

到达蒙托克

我们一路乘船沿着海岸向北走，途中路过了棕榈树林（也叫水椰树），终于来到了有农耕痕迹的地方。首先映入眼帘的是一些模样古怪的小屋，然后我们才看到了遍地都是椰子树和香蕉树的村庄。

昨晚的大部分时间我感觉很糟糕。

长艇马达不停发出的声响和震动让我无法入睡。

到达桑加塔之后，我的印尼语就派上了大用场，我竭力说服当地官员，让他们相信我们的通行证是没有问题的。在国家公园的办公室里，有一只非常黏人的小红毛猩猩，名叫乔尼。它总想去喝我杯子里的茶。伐木工人杀死了它的妈妈，但是把它留了下来，准备卖掉。后来，

公园的工作人员
搭救了它。

他们希望乔尼长大之后能够重返森林，继续它的野外生活。（尽管这基本不可能实现，因为它已经太习惯和人类生活在一起了）

10

我们现在正搭乘一艘超载的"科艇艇"前往河流上游。这是一艘小型木船，外侧装着一台发动机，因它发出的声音而得名。

我们看到一些身长约一米的巨蜥疾速爬上河岸。

我还看到了一群群猕猴。

在一段水流湍急的地方，我们被迫步行了一小会儿。这是一项非常艰难的工作，我们得用弯刀左劈右砍开辟道路，才能在覆盖着茂密植被的河岸上穿行。

9月12日

这才是真正丛林探险家要做的事！我们到达了那处废弃的小屋，然后支起蚊帐和防雨布。

晚餐是清炖蔬菜和米饭，我们把所有的食材装在露营用的马口铁罐里，架在一小堆柴火上煮着。小屋外到处都是"嗡嗡""咔咔""呼呼"的声音。萤火虫和大个儿的飞蛾在四周不停飞舞，它们的眼睛在火光的映照下闪闪发光。

我们还听到某个东西发出**小狗一样的叫声**，在小屋的后面沙沙乱动。

幸运的是，火堆里冒出来的烟熏得蚊子不敢靠近。

原来，发出小狗般叫声的东西是只壁虎。

水蛭大攻击

9月13日，东加里曼丹的蒙托克研究站

我正躺在这座废弃研究站的蚊帐里休息，只听见小屋后面传来了一阵长臂猿发出的响亮的清晨大合唱：

"呜哇，呜哇，呜哇哇哇哇哇"！

长臂猿

长臂猿属于小型猿类，栖息在东南亚热带雨林的生物群落之中，主要以水果、树叶和昆虫为食。它们的叫声十分独特 ——响亮而悦耳，能够传送很远的距离。长臂猿能借助长长的胳膊在林间荡来荡去，但是很少下到森林的地面上。

我讨厌水蛭！

　　每当我褪下袜子时就能发现这些可恶的小东西。它们扭动着圆润小巧的头部，似乎在说："谢谢你的鲜血，让我们美餐了一顿！"就在刚才，我发现了今天的第三只水蛭！

啊！！！

灌木丛中的棕榈树。
这张素描完成得非常快，因为天又开始下雨了，我还接连遭遇了水蛭的重创！

　　通常来说，要把它们弄掉，火烤是最好的办法。但对我来说，已经没必要了。因为每次都是它们已经喝饱了血，自行脱落后我才注意到，我的反应实在太迟钝了。

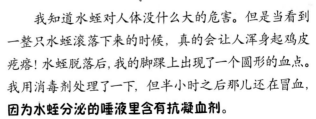

　　我知道水蛭对人体没什么大的危害。但是当看到一整只水蛭滚落下来的时候，真的会让人浑身起鸡皮疙瘩！水蛭脱落后，我的脚踝上出现了一个圆形的血点。我用消毒剂处理了一下，但半小时之后那儿还在冒血，**因为水蛭分泌的唾液里含有抗凝血剂。**

13

红毛大猩猩现身

9月13日，12:20

我刚刚看到一只红毛大猩猩！

它跟我离得非常近，距离小屋只有大约 100 米，这位不速之客隔着一块林中空地，坐在几棵稀疏的树下面。

这是我用装地图的袋子捕获的一只蝴蝶。

红毛猩猩

红毛猩猩生活在婆罗洲和苏门答腊的低地丛林中。它们凭借长而有力的手臂在林间活动，喜欢吃野果，比如无花果和荔枝，这对在森林中散播种子起到了关键作用。随着红毛猩猩的森林栖息地不断被破坏，它们的处境正面临威胁。

这只猩猩盯着我们看了一会儿，然后懒洋洋地爬上离它最近的一棵树。它的重量把细细的树干都压弯了，这让我们很容易追踪它的去向。我们大概盯着它看了十多分钟，但感觉就像过了好几个小时那样漫长。

后来，我们又遇见这只猩猩好几次，还看见了竹节虫、飞鼠和马来独角犀鸟（右图）。我们听到了很多独角犀鸟的叫声。这种鸟的翅膀里长着一种特殊的扩声气囊。在飞行的时候，叫声可以传得很远。

9月14日，上午10:30

我准备同利兹和阿里徒步进入森林深处。

每次进入森林前的准备工作，都像在预备开始一次小型探险：抗真菌粉、对付水蛭用的驱虫剂、抹在皮肤上的丛林凝胶、涂抹着丛林凝胶的绑腿、相机袋、指南针，当然，还有最重要的帕兰刀。

在森林里，空气湿热又不流通。身体里的水分流失得很快，所以必须经常喝水。

我很快就会汗流浃背，浑身散发出难闻的气味。

这是瓶子草，它的叶子从根茎处直接向上延伸形成小瓶子，可以诱捕昆虫。

15

迷 路

我刚刚结束一次长途跋涉。为了防止迷路，我们在树干上刻了记号，

但最终我们还是走丢了……

想想真够吓人的，刻记号并不是很明智的行为。由于我们发出的声响太大，丛林又太茂密，途中我们没能看到任何野生动物。但是，如果我们放慢行进速度或者停下来不动，是能见到更多动物的。当我们停下来的时候，被人类活动所打断的所有声音都会逐渐恢复——首先是昆虫，然后是鸟类——也许是啄木鸟，或是一些其他的鸟儿在树冠中鸣唱着。

有时候，

我们会突然听到一声干巴巴的咔嚓声。我环顾四周，本希望那是一只猴子或者某个别的动物，但通常只不过是一片巨大的落叶或者掉下的树枝。

我抬起头，看到一棵被绞杀的无花果树。很难说原来的那棵树依旧在下面生长，还是早已经腐烂了。

16

最终，我们跟随着流水的声音找到了小溪，又沿着溪流回到了小屋。

经历过森林里的极度潮湿之后，能在河里游一会儿泳，在沙滩上晒晒太阳，简直就是天大的幸福啊！这种幸福一直持续到一群汗蜂发现了我……

这些汗蜂又黑又小，不断地落在我身上出汗最多的地方，用它们的嘴不停地舔舐汗液里的盐分，弄得我奇痒难忍。把它们抖落也没用，怎么都撵不走。而且，我刚刚发现：它们会咬人！

哎哟！好疼！

后来……

这只名叫球马陆的昆虫引起了我强烈的兴趣。遇到外部刺激的时候，它会把身体卷成一个浑圆的小球。当它爬到桌子边缘的时候，会像机器人一样自动拐到另一个方向继续爬，直到爬到桌子的另一边。

到访特鲁克·卡巴

9月15日，早晨

我们正准备出发去特鲁克·卡巴地区，它位于库泰国家公园的沿海地带。那里有大面积的红树林，里面栖息着很多长着大鼻子的长鼻猴（左图）。

在从蒙托克小屋去特鲁克·卡巴的路上，我看到了一些体型庞大、非常漂亮的鹳嘴翠鸟。这些翠鸟大约30厘米长，有着亮橙色的腹部羽毛、朱红色的鸟喙和闪闪发光的碧绿翅膀。

鹳嘴翠鸟

我们在路上花了大约三个小时，中途还穿过了几条水流湍急的小溪，终于回到了桑加塔。

我刚刚狼吞虎咽地大吃了一顿，就好像一个星期没吃过东西似的！

我吃了一碗鸡丝面、一些炸鸡肉、三个甜甜圈，又喝了两杯茶，几乎立刻就恢复了体力。

18

我同利兹和阿里一起又雇了一艘船，沿着海岸线前往特鲁克·卡巴地区，参观那里的红树林湿地。

这里的海水一定很浅，因为只有为数不多的渔屋搭建在木桩之上，棕榈树皮制作的渔网漂浮在水面上，水里的鱼可以通过上面的开口进入网里。

夜幕降临后的特鲁克·卡巴

船夫把我们丢在离岸边 20 米远齐腰深的水里，然后就把船开走了。

我们蹚着水走上岸，遇见了一个小型接待团，其中有一个身材瘦小、十分热情的年轻人，他激动地跟我们每个人都握了握手。这里还有一只看起来漫不经心的红毛猩猩。显而易见，这只猩猩就生活在这里。

后来……

我差点儿错过树上的一只眼镜猴 —— 天实在太黑了！

红树林湿地

今天太热了！

温度远远超过了30摄氏度。

我需要随身携带好几升饮用水。

这里极其潮湿，湿度至少有80%，蚊子也很猖狂。我什么都不想干，但是我们必须走到河边的天然港，才能看到那里的红树林。

红树林

红树林分布在婆罗洲沿海的森林里，生长在盐碱土壤中。它们已经适应了那里恶劣的环境：坚韧而发达的根系可以抵御海浪的冲击，特殊的树皮和叶子也完全能应对富含盐分的环境。这些树林是鱼类、螃蟹和对虾的重要栖息地，也有助于保护沿海地带免受潮汐的侵蚀。

20

因为这里到处都是红树林，我们只能沿着仅有的那几条小路活动。每次我来到有很多鸟儿栖息的浅水湖或沼泽地，都很难走到尽头，因为里面遍布着大面积的红树林。

当我试图从沼泽地里穿过去的时候，每走几步就会惊起一片白鹭和苍鹭，它们拍动着翅膀叫个不停。一开始，我以为我踩到的是淤泥，但后来才意识到那些其实是

一堆堆的鸟粪！

好臭呀！

成百上千只螃蟹在沼泽地上飞速爬过，每当有危险（比如我）靠近时，它们就会钻进洞里，把自己藏起来。不远处，我看到两只弹涂鱼正在泥塘里打架。它们的样子看起来更像是恐龙时代的"遗物"！

后来……

我看到一只豹猫在灌木丛下徘徊。所以那里成了鸟儿们都不敢去的地方。

鸟类的天堂

白鹭、苍鹭、鸬鹚正络绎不绝地飞回这里过夜，场景格外壮观。

**它们成群结队地飞过来，
从我的头顶掠过，
俯冲而下，降落到地面上。**

一些驼颈夜鹭飞行的时候会发出"呱呱"的叫声，还有一群群的黑鹮也飞了过来。

蛇鹈，也叫蛇鸟，是这些鸟中长相最为奇特的。它们脖子弯曲，脑袋瘦小，跟身体其他的部位一点儿也不相称。

日落时分，整个森林里白茫茫一片，全都是白鹭。在没有任何预兆的情况下，它们会突然飞起来，像白色的碎纸片一样撒满整个天空，然后又一起降落在另一片树林上。

它们嘎嘎嘎地叫个不停，

直到夜幕降临好久后才停歇下来。

晚上，咕呱咕呱的蛙鸣声就像是阅兵场上的军队在进行操练，士兵们笨手笨脚地摆弄着手里的步枪，蟋蟀微弱的叫声轻而易举地就被它们淹没了。

9月17日

今天早上，雨一直下个不停，就好像我以前从没见过下雨似的！

我们哪儿也去不了，只好待在因为煮饭而烟雾缭绕的小屋里，就着甜茶凑合吃了一顿由椰子片、花生、米饭组成的简餐。

后来，我们听到地上传来"嘎吱"一声，紧接着又听到"砰"的一下。

听起来就像是恐怖片里那种令人毛骨悚然的声音特效……

原来是住在附近半野外地区的那只红毛猩猩在作怪。

它知道能在小屋这边找到吃的，所以不请自来了。当它看到我手里拿着的花生后，就爬到我身上，用双腿紧紧扣住我的腰。阿里不得不往外面走廊上扔了更多花生，才让它把我松开！

23

森林之行

雨停后，我们徒步深入森林，去寻找长鼻猴。

沿着伐木的痕迹，我们穿过灌木丛生的再生森林。这里的一部分原始雨林在几年前被大火烧毁了，后来其他区域的雨林也被砍伐掉了。

有人告诉我们，这里最好的林区就是位于婆罗洲中部的阿泊加央。因为那里的河道过于狭窄，无法运输木材，所以树木才没被砍伐掉，完整地保留了下来。

长鼻猴

长鼻猴栖息在婆罗洲的森林之中，生活在靠近河流、海岸以及沼泽的地方。它们大部分时间待在树上或是在附近的水里游泳。雄性长鼻猴用叫声吸引配偶时，其独特的长鼻子能让鼻腔产生共鸣，这样发出的声音更加低沉有力。不过，令人惋惜的是，由于森林遭到砍伐，这些猴子的生存环境正面临威胁。

24

我看到了两头野猪和一对水鹿（左图），

但还没见到任何猴子。

后来，这两头鹿走到了离小屋非常近的地方，任由我们喂它们吃木瓜叶。今天我们自己也吃了木瓜叶，这些叶子实在是太苦了，苦得让人想吐，但它们有抗疟疾的功效。

傍晚，在小屋里

我膝盖上一处擦伤感染了。

我刚才只是按了按伤口上结的痂，就流出来一大股脓水。实际上，在我昨天清洗伤口的时候它就已经化脓了。我不停地埋怨自己，真该多涂点儿杀菌剂，然后再包扎上。

每天下午六点钟左右，就有当地的果蝠从头顶飞过。

后来……

那只红毛大猩猩又来过我们的小屋，我们猜它偷走了一个医药包，因为有根棉签从它的嘴里露出来了！

桑基玛河

天刚刚蒙蒙亮，今天我们准备乘船沿河深入到人迹罕至的雨林地带。

在那里，我们会找到观察猴子的最佳机会。

中午，桑基玛河

桑基玛河是我坐船航行过的最小的河流。

我们必须等到潮水上涨以后，才能够进入两岸伫立着红树林和棕榈树的狭窄河道。雨林里的树木离我们特别近，经过的时候，一伸手就可以碰到树上的叶子。

哇噢！
一只翠鸟刚刚飞快地掠过。

褐翅鸭鹃（右图）在河边的树上大声尖叫着。还有一些长尾食蟹猕猴正坐在弯弯曲曲的树枝上，盯着我们看。

26

我们看到一些
长鼻猴
正在头顶上方的树上来回移动。

走近的时候，可以看到大约有15只猴子在俯视着我们，它们也许属于两个家族。这些猴子挺着胖胖的肚子，晃着超大的鼻子（公猴的鼻子要更大），真是太独特了！

暮色降临

不到一小时之后，我们就开始转身往回走，前往海边。太阳渐渐落下去了。

我开始思索明天的安排。明天我会先返回沙马林达，然后飞往阿泊加央，到那里拜访一个肯雅人和达雅人（婆罗洲的两个土著民族）居住的村庄。

阿泊加央

阿泊加央是婆罗洲一个偏远的高地区域，加央河流淌在这片大地上。这片高原上生长着茂密的森林，这些森林位于印度尼西亚的东加里曼丹，靠近马来西亚的边境，是备受游客青睐的丛林徒步旅行胜地。游客们来到这里，也是为了感受阿泊加央的土著居民的生活方式和传统文化。

27

忙得团团转

9月19日，再次回到沙马林达的希达亚酒店

凌晨4点30分，我们起床准备搭乘快艇返回沙马林达。

这简直是太痛苦了！

海浪太大了，连驾驶员都戴上了安全帽！

我们乘坐的快艇在波涛汹涌的大海上颠簸了两个小时，我从来没有经历过这样的折磨。快艇每撞到一个大浪时，我就被高高地抛向空中，然后砰的一声落下来，我的脊柱被震得直疼。

9月20日

在沙马林达，我兴高采烈地忙了一整天，尽管我的"蒙托克"探险队就要解散了。

我们即将奔赴印度尼西亚的不同地方。我又同另外两名来自澳大利亚和美国的环保主义者组成了一支团队，前往位于婆罗洲中部的巨大部落区——阿泊加央。

买了一颗榴莲之后，我来到当地的一家咖啡馆里坐下。这种水果的味道很刺鼻，

人们都说很好吃，
但它实在是
太难闻了！

榴莲里面那种蛋挞般的糊状果肉跟我膝盖上的脓液颜色相同——而且几乎一样恶心！它闻起来像是洋葱，又混合着洗涤液的味道；尝起来很甜，又有点儿恶心，吃完后嘴里会残余一种洋葱般的味道。据说，苏门答腊岛上的老虎和红毛猩猩就常常以树上掉下来的榴莲为食。有时候，榴莲里的糖分会发酵成酒精，这些动物吃完之后就会醉倒！

晚上7点15分的时候，
我一打嗝还能喷出榴莲的余味来。

9月21日，沙马林达机场

昨天，我花了一整个下午购买礼物，这是为即将拜访的土著部落而准备的。

另外，我也买了一些毯子和罐装食品。

后来……

经历了一次奇妙的飞行之后，我终于降落在阿泊加央。

阿泊加央

9月22日，天刚蒙蒙亮，在阿泊加央的朗·乌罗村（肯雅人和达雅人居住的村庄）

昨天晚上，我在当地特有的长屋的硬地板上挨过了冰冷的一夜。

此刻，我刚刚睡醒，但周围的人们早已经忙碌起来了：有的在扬稻谷，有的在筛稻谷，还有的在舂米。我的耳畔充斥着母鸡的咯咯声和公鸡的喔喔声。我还听到长屋下方有猪在呼哧呼哧地吃着残羹剩饭。

昨天，我是搭乘一架小型"双水獭"飞机来到这里的，这次飞行之旅真是太壮观了！

朗·乌罗村的谷仓

我们从空中飞过被焚毁和被砍伐的森林，最后到达了阿泊加央的山区，这里覆盖着茂密的原始热带雨林。一条浅绿色的草坪呈现在眼前，这是一块被开辟出来用作飞机跑道的林中空地。

我觉得自己终于到达了热带雨林！

不久之后，我们走上了一条湿滑难行的小路，路上横七竖八地散落着被砍伐的树木。我们跟在一群人后面，沿着加央河前往朗.乌罗村。他们都是朗·乌罗村的村民。

肯雅人和达雅人

肯雅人和达雅人生活在马来西亚东部的沙捞越以及北加里曼丹和东加里曼丹地区与世隔绝的村落中。一个村庄通常由一两座大型集体房屋构成，里面有许多房间以及一个带顶棚的长廊。肯雅族和达雅族人习惯在林中空地种植水稻。

朗·乌罗村有两栋50米长的长屋。这些长屋架在木桩上，距离地面约有1.5米。此时，我正坐在其中一栋长屋的房间里，而我的旅伴们则待在自己的帐篷里。

这里到处都有这样的图案（下图）。这幅图是画在长屋侧面的。图画里出现的老虎让我感到十分困惑，因为婆罗洲从来都没有老虎。也许人们想画的是"云豹"，却画成了老虎的样子。云豹才是栖息在婆罗洲的动物。

后来……

明天我将沿着河流继续向上游前进，然后从那里进入雨林深处。

朗·桑盖·巴朗村

我似乎又是最后一个醒来的。

耳边还是昨天早上那些习以为常的声音，但也有一些印度尼西亚乡村音乐和西式音乐从附近的一所房子里传出来，十分刺耳。

我这次拜访的朗·桑盖·巴朗村，靠近加央河的源头。

这个小村庄由两栋长屋、一些木板屋以及一些粉刷得色彩鲜艳的谷仓组成。招待我的是乌班和他的妻子，他们都很善良，不停地给我拿食物和毯子。

32

我的印尼语说得越来越好了。（起码我自己是这么认为的）我计划在接下来的一两天内带着一支狩猎队深入到雨林之中。这会儿，我正在跟导游讨价还价。

当地土著女人咯咯笑着嘲笑我的印尼语。

加央孟他让国家公园

这个公园位于加里曼丹，占地一万多平方公里，是婆罗洲最大的热带雨林保护区。公园内分布着各种各样的生物群落，包括低地雨林、高地森林，甚至还有一些稀树草原。这里栖息着包括云豹在内的一百多种哺乳动物和三百多种鸟类。

如果足够幸运的话，我们甚至有可能发现云豹的踪迹，尽管它们常常神出鬼没。我现在离加央孟他让国家公园只有大约 50 公里的距离了。

当地猎人经常使用的狩猎工具是吹筒。这是一种两米长的长管，管内做出螺旋状的沟槽以平衡射出的飞箭。末端的锋利箭头是为了狩猎野猪而设计的。

这是一个吹筒的箭头。

后来……

刚刚吃过午饭，天就下起大雨来，持续了整整一个下午。

遭遇雷雨

　　天上又下起了瓢泼大雨，我被困在这里，直到天气好转。

　　不过，这期间我画了很多关于鸟和动物的素描。村民们纷纷告诉我这些鸟和动物的名字。一时间，这成了我们之间一个真正可聊的话题。

肯雅族的女孩在舂米。

　　有人带着我去洪水冲积形成的田野散步。田野里长满了一米高的针茅（左图）。这种草的叶子边缘呈锯齿形，十分锋利。

经过亲身实践，我发现，如果试图从这些草丛中穿过，一定会被它割伤……

34

后来，天空中响起了轰隆隆的雷声，于是我们开始往回走。天气变得凉爽起来。这里的晚上冷得出奇。睡觉的时候，我必须盖上毯子，穿上所有的衣服才能睡着。

加央河

加央河发源于沙捞越、马来西亚和北加里曼丹之间的内陆山脉，流经北加里曼丹后分成三个支流以及一些交叉的河渠，并形成了一个三角洲，最终流入西里伯斯海。加央河中生活着淡水海豚。

天终于放晴了，但是昨天晚上雨下得很大。附近的加央河水位上涨了50厘米，所以，洗漱的时候我们必须格外当心上涨的河水。这里还有个不成文的规矩：

背着小孩的肯雅族妇女。

上游可以洗漱，而下游十米开外的任何一个地方都可以当作厕所。

一座谷仓上的图案。

当地居民的食物完全来源于附近能够捕捉到或是种植的东西。所以我吃到了白米饭和各种天然"丛林绿蔬"——从炖木瓜叶到炖蕨类植物，种类多样。另外，我还吃到了猪肉和鹿肉，以及许多菠萝和酥脆的大米做的点心——

真是超级好吃！

35

进入雨林

我和乌班正在森林中穿行，我们要去会见他的一个住在山坡上的朋友。

好期待呀！

我们蹚过几条急流，又在灌木丛中开辟出了一条小路（右图）。我用的是我那把厚重的帕兰刀，而乌班使用的却是一把薄薄的、像剑一样的小刀，叫曼道刀。在过去，这种刀是用来斩首的。

长在树蕨上的一束凤梨花

在从前的部落争斗中，肯雅族和达雅族就使用这种刀来砍掉敌人的头颅。值得庆幸的是我没有在他们的住处看到任何骷髅头骨。

说实话，这让我松了一口气！

36

麝猫

麝猫是一种杂食性哺乳动物，主要栖息在东南亚的森林中。它们同猫鼬具有相同的特征。麝猫身上的皮毛灰暗而粗糙，吻部细长，另外还有一条毛茸茸的长尾巴，帮助它们保持平衡以及抓握东西。麝猫的食物包括水果、昆虫、鸟类以及啮齿动物。

午休时间

我刚刚看到一群长尾叶猴在林间穿梭。

这是我在这里见到的第一种动物，它们会发出一种奇怪的长啸声。虽然我也听到了长臂猿和麝猫的叫声，但是并没有看见它们的踪影。

我从令人精疲力竭的急行中停了下来，想抓紧机会休息一下。此时此刻，这个地方的美妙之处才呈现在我眼前。空气比之前凉爽了一些，所有东西都被雨水浸透了。没有任何一个地方的树冠能长成这种连续不断的样子，许多高高的树上都覆盖着密密的攀援植物和凤梨花，而在低处则布满了棕榈树和一丛丛的树蕨。

在这里，我能听到各种各样的声音：

咔咔、呜呜、哒哒……

但是只看到了这种模样古怪、长得像黄莺一样的小鸟。当然了，一停下来，我就被蚊子和水蛭团团围住了，至少从靴子上掸掉了一百只！

山中静修

此时，我正坐在一个空谷仓里。这个建在木桩上的谷仓，位于一片被伐光树木的山坡上。我正和大家一起吃着丛林绿蔬和糯米饭组成的美餐，提前储备的两罐沙丁鱼让这顿饭增色不少。

我们停在半山腰处，打算明早早点儿起来继续爬山，然后在接下来的两天里再绕回到朗·桑盖·巴朗村。

我来到谷仓外面，天气很冷，雾气从森林密布的山峦上滚滚而下，逐渐笼罩了我的四周。我看到一群蝙蝠从石灰岩峭壁的一个山洞里络绎不绝地飞出来。

蝙蝠从山洞里一涌而出。

38

一只食蝠鸢正飞近蝙蝠，
试图在半空中捕捉它们。

食蝠鸢

　　食蝠鸢是一种掠食猛禽，生活在热带雨林和一些草原中。在婆罗洲，食蝠鸢通常在石灰岩山洞附近捕食，因为那里居住着它们最喜爱的猎物——蝙蝠。每当黄昏时分，蝙蝠外出活动的时候，食蝠鸢就会俯冲下来捕捉它们，并在半空中将到手的猎物整个吞掉。

　　一只鹿在被砍伐过的森林边缘停了下来，随后又消失在林荫之中。四周都是嘈杂的声音：有山谷中小溪潺潺流淌的声音，还有我身后谷仓里面达雅族年轻人说话的声音，但这些声音很快就被蟋蟀、蝉以及远处鸟儿的鸣叫声所淹没了。

9月26日，早晨6点

　　我和乌班很早就出发了。我们一路往山上走，在森林里穿行了好几个小时。

　　我们的脚程很快，几乎马上就要到达山顶了。在那里，道路分成了两条，一条通往朗·桑盖·巴朗村，另一条通往一个叫马哈克·巴鲁的村庄。

39

瀑布遇险

9月26日，上午9点

在热带雨林里，人们很容易被它的神奇特质所吸引。身处其中，才会真真正正地感受到曾经被原始森林完全覆盖的婆罗洲的真实模样。

低地雨林

婆罗洲的低地雨林气候温暖潮湿，是上万种不同植物的理想家园。在山地和山麓地貌中，森林里的树木要比我在库泰国家公园里所见到的更细一些，这里的树蕨也更多，上面覆盖着苔藓，还点缀着凤梨花。

这里的树都长得不高，空气不容易流通，树林里十分潮湿，树枝上都覆盖着一层厚厚的苔藓。

我一定得时刻提醒自己
当心·蛇！

这里的地形十分复杂。我的脚总是陷到腐殖土里，一直陷到脚踝处。想要从缠绕不清的树根上攀越过去就更加困难了，因为一踩上去这些树根便会突然分开，把我的脚卡在里面。

我们继续向山上走。每次我认为已经到达山顶的时候，结果都发现，这并不是真正的山顶，我们还得继续赶路。

走到一条瀑布前，我决定开始休息，这让乌班十分沮丧。

后来我们沿着一条水流湍急的小溪小心翼翼地往山下走。

乌班在我前面越走越远，而我却感觉越来越累。在湿滑的岩石上行走，使我几乎每步都不停地打滑。就在我一心要尽力追赶乌班的时候，却不小心从一条小瀑布上摔了下去，手和左膝盖重重着地。庆幸的是，我没受重伤，只不过膝盖有点儿肿了。我在小溪边歇了一会儿，用冰凉的溪水清洗了一下伤口。

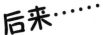

后来……

我看到了一只蜘蛛。它背上的壳有3厘米宽，结的网在两棵树之间延伸了好几米。就在我画这幅画的时候，这片蜘蛛网捕获了一只6厘米长的大黄蜂。

森林之行

9月26日, 中午12点

我们改变了方向, 不再沿着河流前进, 开始在茂密的森林之中穿行。

乌班说这里是云豹生活的区域。后来, 我看到一只猫一样的东西从我们眼前蹿过, 不过我认为这只是一只长尾麝猫。

乌班把它叫作"宾纳唐", 就是"野兽"的意思。

晚间在树上栖息的麝猫。

中午12点

我们离开了森林, 又穿过一些开垦过和尚未开垦的田地, 最终来到了一个崎岖不平、长满青草的简易机场。

乌班遇到了一个朋友, 我们步行去了这个人的小屋, 也就是我们现在所在的地方。这位朋友带着一支步枪和一条小狗, 还说明天会同我们一道徒步走回朗·桑盖·巴朗村。

现在是晚上7点钟，

我感觉筋疲力尽，
膝盖也疼得厉害。

火被熄灭了，我躺在屋里的地上感觉又冷又不舒服。也许我应该跟他们一起睡在楼上，但是我还是想同自己的装备待在一起。

今天早晨，我发现背包里爬满了蟑螂，
裤子里也有好几只。**天哪**!

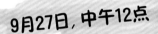

9月27日，中午12点

我们刚刚猎杀了一头鹿。

一开始，乌班的朋友的狗在前面吠叫，紧接着两个人跑了过去。我先是听到一声枪响，然后就看见乌班用他的曼道刀砍向什么东西。随后"哗啦"一声巨响，我看到一只水鹿躺在了溪水中。我帮忙把这头鹿拖到岸边。乌班生了一堆火，他的朋友剥下了鹿皮，然后又开始分割鹿肉。不久之后，我们就吃上了由鹿肉、鹿心还有米饭组成的午餐。

这是我们后来看到的一条蝮蛇。
我还是离它越远越好!

43

最后一程

9月28日，朗·桑盖·巴朗村

我们终于疲惫不堪地回到了朗·桑盖·巴朗村。在这里，我又体会到了吃饱喝足、忙忙碌碌的感觉，这真是太好了。

明天我要沿着河顺流而下，回到朗·乌罗村。

9月29日，回到朗·乌罗村

酷热潮湿的天气已经把我弄得精疲力竭。但我还是画下这只蓝翅膀的八色鸟（左图）。

10月1日，朗·安庞简易机场

我本来可以慵懒地度过这一天，只需要准备一下飞往马辰港所带的东西。

可是，当我冒着雨通过一座独木桥时，不小心滑倒了。由于之前受过伤的膝盖使不上力气，我一下子就从桥上掉了下去！庆幸的是，这起小事故仅仅导致了一些轻微的擦伤和瘀痕。

早晨醒来的时候，
我发现床垫居然

着火了！

整个屋子里都弥漫着烟雾。隔壁一位来自澳大利亚的女士一直在拼命咳嗽，似乎这样就能把我叫醒。面对这种突发事件，我真是有点儿不知所措。

这时，宾馆里的两个工作人员闯了进来，他们呼喊着什么，我听不太懂，然后他们往床上浇了两桶水。

我把一些钱塞进他们手里作为赔偿，然后匆匆道了别。几分钟之后，我在街上拦下了一个骑摩托车的人，让他带我去附近的简易机场。等我到达的时候，距离飞机起飞只剩下半个小时了。太险了！

现在，我已经回到了雅加达，婆罗洲似乎又变成了一个遥不可及的地方。

直到现在，我才想明白宾馆里到底发生了什么事。那天，我是在清晨4点钟左右回到房间的。由于门被锁了起来，所以我就从阳台爬了进去。睡觉之前，我点了一盘蚊香（右图）。显然是燃烧的蚊香掉在了床上，把床垫点着了。

这真是太危险了，我再也不会犯同样的错误了！

10月6日，新加坡

我住在一座装有空调的高楼里，尽管距离上并没有那么远，但我觉得距离婆罗洲雨林已经有了百万里之遥。能够深入到库泰国家公园的核心地带真是太奇妙了，但我真的没有想到，到达那里的第一天就能看到红毛大猩猩。在那些森林里，水蛭多得惊人，但景色也美得惊人，物种多得简直令人难以置信。然而，在过度砍伐与农业开垦的威胁之下，这些森林也正在迅速地消失。真的非常希望我们能够挽救这些森林！

现在，我正要去警察局取回我那支两米长的达雅吹筒，这是我从阿泊加央回到沙马林达后购买的。下飞机的时候，当地的海关人员把它拿去检查了，对此我一点儿都不感到惊讶，并且很高兴他们能把它还回来。这将成为我这次奇妙之旅的最棒的纪念品！

婆罗洲森林

　　婆罗洲的生物群落分布极其广泛，是世界上生物多样性最丰富的地区之一。婆罗洲的气候温暖潮湿，十分适宜热带雨林、红树林、泥炭沼泽森林、山地森林的生长。其中有很多森林生物群落的自然环境差异巨大，意味着这里适合多种生物生活，至今在婆罗洲已经发现了一万多种植物和一万多种动物。目前还有许多新物种不断被发现。

BORNEO RAINFOREST
First published in Great Britain in 2018 by The Watts Publishing Group
Text and Illustrations © Simon Chapman, 2017
All rights reserved

"企鹅"及其相关标识是企鹅兰登集团已经注册或尚未注册的商标。未经允许，不得擅用。封底凡无企鹅防伪标识者均属未经授权之非法版本。

版权贸易合同登记号　图字：01-2021-3454

图书在版编目（CIP）数据

我的探险研学书：关于沙漠、湿地、高山、草原、雨林冒险的生命体验. 婆罗洲

雨林 /（英）西蒙·查普曼（Simon Chapman）著；冯立群译 . -- 北京：电子工业出

版社，2022.1

ISBN 978-7-121-42498-4

Ⅰ . ①我… Ⅱ . ①西… ②冯… Ⅲ . ①加里曼丹岛－探险－普及读物

Ⅳ . ① N8-49

中国版本图书馆 CIP 数据核字 (2021) 第 265941 号

责任编辑：潘　炜
印　　刷：北京盛通印刷股份有限公司
装　　订：北京盛通印刷股份有限公司
出版发行：电子工业出版社
　　　　　北京市海淀区万寿路 173 信箱　　邮编：100036
开　　本：787×1092　　1/16　　印张：18　　字数：360 千字
版　　次：2022 年 1 月第 1 版
印　　次：2022 年 1 月第 1 次印刷
定　　价：240.00 元（全六册）

凡所购买电子工业出版社图书有缺损问题，请向购买书店调换。若书店售缺，请与本社发行部联系，联系及邮购电话：（010）88254888，88258888。

质量投诉请发邮件至 zlts@phei.com.cn，盗版侵权举报请发邮件至 dbqq@phei.com.cn。

本书咨询联系方式：（010）88254210．influence@phei.com.cn，微信号：yingxianglibook。

我的探险研学书

婆罗洲雨林

关于沙漠、湿地、高山、草原、雨林冒险的生命体验

地球千奇百趣：

非洲大草原辽阔奔放，喜马拉雅山脉高耸圣洁，亚马孙盆地低平坦荡，
澳洲内陆干旱内敛，印度低地丰沛神秘，婆罗洲雨林湿润绮丽。

探险家西蒙带你亲历世界六大地区的荒野冒险，
身临其境地感受大自然，潜移默化地陶冶生存智慧。

上架建议：科普探险

责任编辑：潘　炜
封面设计：王　倩

影响力 INFLUENCE

影响力官方微信

ISBN 978-7-121-42498-4

9 787121 424984 >

定价：240.00元（全六册）

眼镜蛇

灰叶猴在树上休息

一只四处
游荡的豹

我的
探险研学书

关于沙漠、湿地、高山、草原、雨林冒险的生命体验

印度低地

[英] 西蒙·查普曼 / 著

冯立群 / 译

雌性亚洲象

一只小孔雀

栗色脑袋的
食蜂鸟

中国工信出版集团　电子工业出版社
PUBLISHING HOUSE OF ELECTRONICS INDUSTRY
http://www.phei.com.cn